BEI GRIN MACHT SICH IHR WISSEN BEZAHLT

- Wir veröffentlichen Ihre Hausarbeit, Bachelor- und Masterarbeit

- Ihr eigenes eBook und Buch - weltweit in allen wichtigen Shops

- Verdienen Sie an jedem Verkauf

Jetzt bei www.GRIN.com hochladen und kostenlos publizieren

Walter Orlov

Rückkehr zur Äthervorstellung in der Elektrodynamik

GRIN Verlag

Bibliografische Information der Deutschen Nationalbibliothek:

Die Deutsche Bibliothek verzeichnet diese Publikation in der Deutschen National-
bibliografie; detaillierte bibliografische Daten sind im Internet über http://dnb.d-
nb.de/ abrufbar.

Impressum:

Copyright © 2015 GRIN Verlag GmbH
Druck und Bindung: Books on Demand GmbH, Norderstedt Germany
ISBN: 978-3-656-92240-7

Dieses Buch bei GRIN:

http://www.grin.com/de/e-book/294422/rueckkehr-zur-aethervorstellung-in-der-
elektrodynamik

GRIN - Your knowledge has value

Der GRIN Verlag publiziert seit 1998 wissenschaftliche Arbeiten von Studenten, Hochschullehrern und anderen Akademikern als eBook und gedrucktes Buch. Die Verlagswebsite www.grin.com ist die ideale Plattform zur Veröffentlichung von Hausarbeiten, Abschlussarbeiten, wissenschaftlichen Aufsätzen, Dissertationen und Fachbüchern.

Besuchen Sie uns im Internet:

http://www.grin.com/

http://www.facebook.com/grincom

http://www.twitter.com/grin_com

Rückkehr zur Äthervorstellung in der Elektrodynamik

Walter Orlov, März 2015

Die verbreitete Lehrmeinung, dass die moderne Physik auch ohne lichtleitendes Medium zurechtkommt, fußt hauptsächlich auf dem Verbot von der Benutzung des Wortes „Äther". Aktueller Begriff heißt „Vakuum". Alternativ hat Prof. Laughlin die Wortkombination „Relativistischer Äther" vorgeschlagen [1]. Die Angelegenheit ist in Wirklichkeit noch viel brisanter: Der erste Ätherleugner, Einstein selbst versuchte 1920 den Äther in die Allgemeine Relativitätstheorie einzubinden [2].

Auch wenn der berühmte Versuch von Michelson und Morley total versagt hat, gibt es Hinweise auf Existenz einer Füllung des Raumes in anderen Experimenten. Als Beispiel würde ich der praktische Nachweis der Zeitdehnung nennen. Die Parolen wie „Einsteins Triumph" und „Eine bedeutende Konsequenz der Speziellen Relativitätstheorie" sowie der Begriff „Relativistische Zeitdehnung" sollen uns nicht täuschen. Dass die Zeitdehnung in letztem Experiment am Speicherring der Gesellschaft für Schwerionenforschung (GSI) in Darmstadt augenblicklich festgestellt wurde, steht in direktem Widerspruch mit der Relativitätstheorie, weil in der Relativitätstheorie die Verlangsamung der Zeit scheinbar ist, solange keine Rückkehr stattfindet.

Gemäß dem Relativitätsprinzip sind alle Inertialsysteme gleichwertig und jeder Beobachter kann sich als ruhend betrachten. Bewegen sich zwei Beobachter relativ zueinander, wird aus der Sicht des ersten Beobachters die Uhr des zweiten Beobachters wegen der Zeitdehnung nachgehen, und umgekehrt, aus der Sicht des zweiten Beobachters die Uhr des ersten Beobachters nachgehen. Das ist offensichtlich unmöglich. Um den Konflikt umzugehen, wurde das sogenannte Zwillingsparadoxon ausgearbeitet: Ein der Beobachter, zum Beispiel, in unserem Fall der Zweite, soll erst weg fliegen, danach aber unbedingt zu erstem Beobachter zurückkehren und nur dann findet der Uhrenvergleich statt. Wichtig ist der Wendepunkt, wenn der zweite Beobachter das Inertialsystem wechselt: Zuerst flog er von erstem Beobachter weg – ein Inertialsystem – und nach der Wendung zu erstem Beobachter zurück – ein anderes Inertialsystem. Im Wendepunkt wird seine Uhr auf einmal real nachgehen. Man braucht eigentlich nicht zu versuchen, mit dem gesunden Menschenverstand diesen Zeitsprung zu verstehen. Das ist eben die zwingende Konsequenz der Speziellen Relativitätstheorie: Raum und Zeit werden nicht mehr getrennt behandelt, sondern verschmelzen sich zu einem Raum−Zeit−Kontinuum. Außerdem ist die genaue mathematische Auslegung des Geschehens für unsere Untersuchung irrelevant. Uns ist wichtig der Fakt, dass im Rahmen der Relativitätstheorie ein komplizierter Vorgang mit dem Hin− und Rückflug notwendig ist, damit die Zeitdehnung zur Realität wird.

In der Tat können die Versuche nach relativistischem Schema durchgeführt werden. So wurde zum Beispiel der Zerfall von Myonen untersucht, die in einem Speicherring fast mit der Lichtgeschwindigkeit kreisten [3]. Sie zerfielen deutlich langsamer als im Ruhezustand, dabei aber kehrten regelmäßig über 1000 Mal zur Messapparatur zurück.

Das ist aber nur die halbe Wahrheit. Um die Zeitdehnung nachzuweisen, braucht man in Wirklichkeit keinen Rückflug. Man braucht sogar keinen langen Hinflug – es reichen schon ein paar Meter und ein winziges Bruchteil einer Sekunde.

1

Am Speicherring ESR der Gesellschaft für Schwerionenforschung in Darmstadt wurde 2014 die Verlangsamung „innerer Uhr" von den schnell bewegten Li–Ionen hochpräzise gemessen [4]. Dafür haben die Forscher den Doppler–Effekt zunutze gemacht. Die mit etwa ein Drittel der Lichtgeschwindigkeit rasenden Li–Ionen wurden mit zwei Laserstrahlen aus entgegen-gesetzten Richtungen angeregt. Der Laserstrahl, der den Li–Ionen zulief, hatte kleinere Frequenz (rote Farbe, Abb. 1) als der Laserstrahl, der den Li–Ionen nachlief (blaue Farbe, Abb. 1). Die Experimentatoren konnten die Frequenzen der Laserstrahlen so weit abstim-men, dass sie wegen des Doppler–Effekts für die Li–Ionen exakt gleich erschienen.

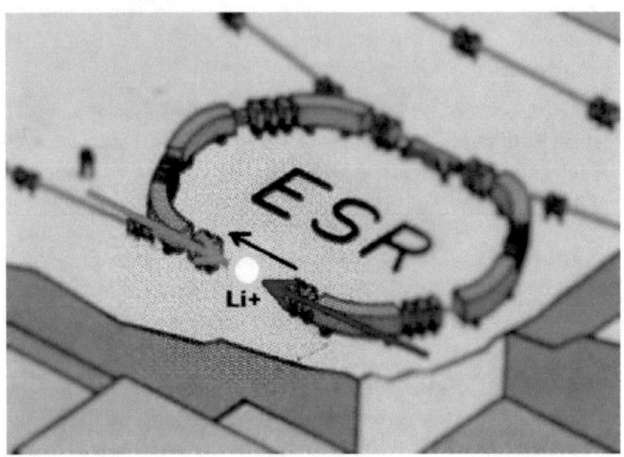

Abb. 1. Zeitdehnung–Experiment mit Li–Ionen am Speicherring ESR.

Das eigentliche Ziel war jedoch es, herauszufinden, ob sich die Resonanzfrequenz von den Li–Ionen mit der Geschwindigkeit ändert. Bevor wir das Ergebnis diskutieren, versuchen wir erst selbst den Zusammenhang zwischen Laserfrequenzen und Resonanzfrequenz der Li–Io-nen zu finden. Dafür zahlen wir einfach die Wellenberge, die an einem Li–Ion in einer Se-kunde vorbei laufen werden. In Ruhe entspricht die Zahl der Wellenberge direkt der Fre-quenz des Laserstrahles: $N = f \cdot 1s$. Der erste Wellenberg legt dabei die Strecke $L = c \cdot 1s$ zu-rück. Führen wir als Hilfsgröße die lineare Dichte der Wellenberge $\rho = {N}/{L} = {f}/{c}$ ein. Wird sich das Li–Ion mit der Geschwindigkeit v auf Laser zu bewegen, verschiebt es sich gegen-über seiner Ruheposition um $\Delta L = v \cdot 1s$ und passiert deshalb zusätzlich noch einige Wellen-berge: $\Delta N = \rho \cdot \Delta L = \rho \cdot v \cdot 1s = f \cdot 1s \cdot {v}/{c}$ (Abb. 2).

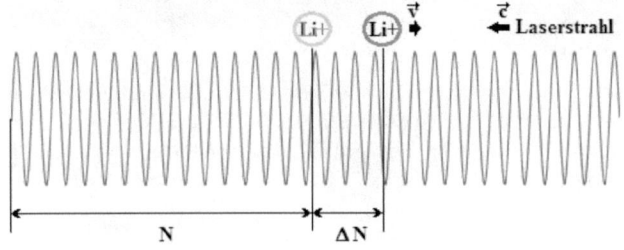

Abb. 2. Doppler–Effekt: Li–Ion läuft auf Lichtquelle zu.

Folglich beträgt die endgültige Zahl der Wellenberge $N + \Delta N = f(1 + {}^{v}\!/_{c}) \cdot 1s$. Geteilt durch 1s ergibt sich die Frequenz, die das Li$-$Ion wahrnimmt, wenn es auf Laser zuläuft: $f = f_{Laser}(1 + {}^{v}\!/_{c})$.

In umgekehrtem Fall, also, wenn sich Li$-$Ion vom Laser wegbewegt, ändert sich offensicht$-$lich das Zeichen $+$ auf $-$: $f = f_{Laser}(1 - {}^{v}\!/_{c})$.

Im Experiment war es wichtig, die Frequenzen der zwei Laserstrahlen so anzupassen, dass sie beide genau der Resonanzfrequenz vom Li$-$Ion f_0 glichen. Für den Strahl, der dem Ion ent$-$gegen kommt bzw. antiparallel gerichtet ist, haben wir:

$$f_0 = f_a \left(1 + \frac{v}{c}\right),$$

$$f_a = \frac{f_0}{\left(1 + \frac{v}{c}\right)}.$$

Und für parallelen Strahl ergibt sich:

$$f_0 = f_p \left(1 - \frac{v}{c}\right),$$

$$f_p = \frac{f_0}{\left(1 - \frac{v}{c}\right)}.$$

Um heraus zu finden, wie sich die Frequenzen im Allgemein verhalten, können wir das geo$-$metrische Mittel berechnen:

$$\bar{f} = \sqrt{f_a \cdot f_p} = \sqrt{\frac{f_0}{\left(1 + \frac{v}{c}\right)} \cdot \frac{f_0}{\left(1 - \frac{v}{c}\right)}} = \frac{f_0}{\sqrt{1 - \frac{v^2}{c^2}}}.$$

Das ist ein interessantes Ergebnis. Für ein ruhendes Li$-$Ion ist das geometrische Mittel gleich der Resonanzfrequenz:

$$\bar{f} = \sqrt{f_0 \cdot f_0} = f_0.$$

Insgesamt würden die Frequenzen um den Faktor ${}^{1}\!/\!{\sqrt{1 - v^2/c^2}}$ angehoben. Was hat aber das Experiment gezeigt? $-$ Das geometrische Mittel blieb konstant!

Wie kann das erklärt werden? Offensichtlich ist hier die Zeitdehnung im Spiel, die die Reso$-$nanzfrequenz der Li$-$Ionen folgend beeinflusst:

$$f_0' = f_0 \cdot \sqrt{1 - \frac{v^2}{c^2}}.$$

Auf diese Weise wird das geometrische Mittel von der Geschwindigkeit der Li$-$Ionen unab$-$hängig:

$$\bar{f} = \sqrt{f_a \cdot f_p} = \sqrt{\frac{f_0'}{\left(1 + \frac{v}{c}\right)} \cdot \frac{f_0'}{\left(1 - \frac{v}{c}\right)}} = \sqrt{\frac{f_0^2 \cdot \left(1 - \frac{v^2}{c^2}\right)}{1 - \frac{v^2}{c^2}}} = f_0.$$

Das Messverfahren hat zwar einen indirekten Charakter, trotzdem sind sich die Wissen—
schaftler in der Richtigkeit ihrer Voraussetzungen sicher, immerhin stamm die Grundidee
der Verwendung des Doppler—Effekts für den Nachweis der Verlangsamung der Zeit von
Einstein selbst. Nun beweist das Experiment in Wirklichkeit keine relativistische Zeitdeh—
nung, die erst nach der Rückkehr des Beobachtungsobjekts real wird, sondern enthüllt die
Tatsache, dass die Zeitdehnung sofort, nur beim Flug in eine Richtung eintritt.

Wenn ein Li—Ion auf einem kurzen Abschnitt der Beschleunigerstrecke zwischen zwei Laser—
strahlen geriet, findet der Uhrenvergleich statt. Die elektromagnetischen Wellen der Laser—
strahlen schwingen nach Uhr des ruhenden Experimentators. Durch Anregung und Aussen—
den eigenes Fluoreszenzlicht, das registriert wird, zeigt Li—Ion, wie seine innere Uhr tickt,
und sogleich steht fest, dass seine Uhr nachgeht.

Das wirft selbstverständlich die Frage auf: Wodurch könnte sofortige Wirkung der Zeitdeh—
nung bedingt werden? So gehen wir an der Annahme der Existenz eines Lichtmediums,
Äthers, der den Raum füllt, nicht vorbei. Zum Beispiel würde eine im Äther bewegte Licht—
uhr schon gleich nachgehen, weil die Lichtwege nicht nur in unserer Vorstellung, sondern real
länger werden.

Mit einigen seltenen Ausnahmen sind die meisten Experimente und Beobachtungen erdge—
bunden. So oder so dient unsere Heimat als bevorzugtes Bezugssystem. Was es sich weit au—
ßerhalb befindet, kann nicht angetastet werden und deshalb ist eher der Fall für unsere Vor—
stellungskraft oder schlicht Spekulationen und Fantasien. Anderseits deuten manche Phä—
nomene auf Existenz eines Mediums, das uns umgibt. Wie Fische im Wasser sollen wir uns im
„leeren Raum" bewegen, der eben nicht leer ist. Dabei fällt mir allerdings schwer, mir vorzu—
stellen, dass dieses Medium absolut und unbeweglich sei. Allein die Geschwindigkeiten, mit
denen die Erde durch den Kosmos rast – mit 30km/s um die Sonne und mit 240km/s zusam—
men mit der Sonne um das galaktische Zentrum, machen mich stutzig: Auf der Erdoberfläche
kriegen wir das gar nicht mit. Ursprünglich hatte man ja überhaupt keine Ahnung, dass sich
nicht die Sonne um die Erde, sondern die Erde um die Sonne dreht. In der Antike war die Erde
das absolute Zentrum.

So kam ich allmählich zum Gedanke, dass die Gravitation eine Schlüsselrolle spielen kann.
Sie zeigt quasi auf ein bevorzugtes Bezugssystem. Nicht nur die Kleinkörper sind am Mas—
senzentrum gebunden, sondern auch elektromagnetische Erscheinungen haben die großen
Massen als Referenzsysteme und breiten sich in deren Schwerefeld in alle Richtungen mit der
Lichtgeschwindigkeit aus.

Eigentlich ist die Idee nicht unbedingt neu. Etwa Stockes war im 19. Jahrhundert der An—
sicht, dass der Äther von der Materie mitgeführt wird [5]. Allerdings dachte man damals,
dass die Mitführung ähnlich wie durch die Reibung entsteht: Ein Stück Ätherstoff, das in ei—
nem Körper eingeschlossen ist, wird vom Körper mitgeschleppt. Außerdem wird an der Kör—
peroberfläche der Äther teils auch mitgenommen. Allerdings konnte man solche Art direkter
Wechselwirkung zwischen Materie und Äther experimentell nicht nachweisen.

Ferner wissen wir heute, dass das Satellitennavigationssystem ganz gut funktioniert – die
Funkwellen breiten sich in alle Richtungen mit gleicher Geschwindigkeit aus, obwohl sich die
Satelliten in der Entfernung von ca. 20200 km von der Erdoberfläche befinden (während der
Erdradius „nur" 6378 km beträgt). So weit würde jede Äthermitführung durch die Reibung

bestimmt ausklingen. Aber das Gravitationsfeld der Erde ist immer noch da. Deswegen be—
wegen sich die Satelliten auch auf nahezu kreisförmigen Umlaufbahnen.

Das Hauptproblem bestünde aber in jährlicher Aberration. Durch die Bewegung der Erde
passiert eine scheinbare Verschiebung der Gestirne in Fahrrichtung, sodass die Teleskope
extra ein Stück nach vorn geneigt werden sollen (Abb. 3, links). Angeblich finde im Falle der
Äthermitführung überhaupt keine Aberration statt (Abb. 3, rechts).

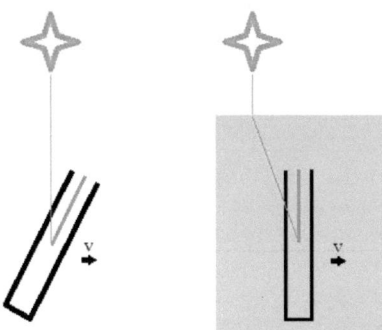

Abb. 3. Das Sternenlicht fällt in das Fernrohr herab. Aberration (links) und angeblich keine Aberrationser—
scheinung in mitbewegtem Äther (rechts).

Wie sind die Physiker darauf gekommen? Selbstverständlich findet an der Grenze zwischen
unbewegtem und bewegtem Äther keine gewöhnliche Lichtbrechung statt, die wir aus der
Optik kennen, weil die beiden Medien ein und dasselbe Medium sind und dementsprechend
denselben Brechungsindex haben. Man nimmt aber an, dass, wie die Materie den Äther, so
auch der Äther seinerseits das Licht mitführt. Praktisch projektiert man den Lichtstrahl mit
allen seinen Eigenschaften aus ruhendem Medium, wo sich der Stern befindet, in das mitbe—
wegte Medium mit dem Fernrohr. In unbewegtem Medium fällt der Lichtstrahl vom Stern
streng vertikal, also es gibt keine horizontale Geschwindigkeitskomponente. Genauso hat
der projizierte Lichtstrahl danach keine horizontale Geschwindigkeitskomponente in mitbe—
wegtem Medium.

Ich sehe aber kein Hindernis dafür, dass der Lichtstrahl seine Ausbreitungsrichtung allein
wegen der Impulserhaltung (Stichwort *Poynting—Vektor*) auch nach dem Überqueren der
Grenze beibehält. Zwar bekommt er im mitbewegten Äther eine horizontale Geschwindig—
keitskomponente, die der Geschwindigkeit der Erde entspricht, aber es gibt eben kein Verbot
dafür. Im Äther kann sich das Licht in alle Richtungen mit der Lichtgeschwindigkeit fort—
pflanzen. Die Geschwindigkeit der Erde beträgt nur $^1/_{10000}$ davon. Wodurch soll dann der
Lichtstrahl beim Eintreten in mitbewegten Äther horizontal von 30 km/s auf 0 km/s relativ
zur Erde abgebremst werden? In diese Richtung darf er doch auch mit 300000 km/s fahren!

Ich kann schon verstehen, dass, wenn sich die Erde etwa mit doppelter Lichtgeschwindigkeit
bewegt hätte (falls das auch möglich wäre), die horizontale Geschwindigkeitskomponente
des Lichtstrahles in mitbewegtem Medium auf einfache Lichtgeschwindigkeit abgebremst
würde. Ich finde aber keinen physikalischen Grund dafür, dass sie sogar ganz eliminiert wer—
den sollte.

Deshalb neige ich dazu, einen logischen Fehler irgendwo in den Überlegungen der Physiker des 19. Jahrhunderts zu vermuten.

Historisch bekam die Äthertheorie die wichtigste Unterstützung von der Elektrodynamik. Eine erschöpfende Behandlung elektromagnetischer Erscheinungen im Rahmen der Äther—theorie lieferten Lienard 1898 und Wiechert 1900 [6]. Die Aktualität ihrer Arbeiten ist bis heute nicht verloren gegangen. Besonders wichtige Rolle spielen nach ihnen genannte Li—enar—Wiechert—Potentiale in der Theorie der Synchrotronstrahlung.

Zwei Grundvoraussetzungen werden gemacht: 1. Elektrische und magnetische Felder breiten sich im Raum in alle Richtung mit der Lichtgeschwindigkeit aus. 2. Ein materielles geladenes Teilchen kann nicht unendlich klein sein und das muss in den Berechnungen berücksichtigt werden, zwar führt das zu einem interessanten Phänomen.

Bewegt sich ein geladenes Teilchen von endlicher Größe, dürfen die Laufzeiten sogar mit der Lichtgeschwindigkeit zwischen dessen Seiten nicht ignoriert werden. Nehmen wir an, dass das Teilchen ein Durchmesser von d hat. In Abb. 4 bewegt es sich von links nach rechts mit der Geschwindigkeit v. Damit die elektrischen Potentiale von allen geladenen Segmenten des Teilchens zu gleicher Zeit im Beobachtungspunkt B eintreffen, muss die Lage von weiterem Segment 1 zu früherer Zeit genommen werden. Aber bevor der Zustand vom Segment 1 bis zum Segment 2 übermittelt wird, rückt das Teilchen in Richtung Beobachtungspunkt B ein Stück vor.

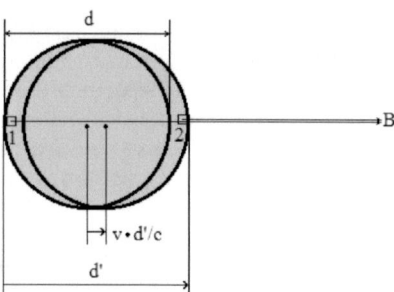

Abb. 4. Vergrößerung des scheinbaren Volumens eines bewegten Teilchens.

Als Folge erscheint das Teilchen für den Beobachtungspunkt B so, als ob es in die Länge ge—zogen wäre. Gleichzeitig bedeutet dies ein größeres Volumen und eine größere Wirkungsla—dung. Die Proportionalität errechnet sich als

$$\frac{d'}{c} = \frac{d' - d}{v}, \qquad \frac{d}{v} = d'\left(\frac{1}{v} - \frac{1}{c}\right), \qquad d' = \frac{d}{1 - v/c},$$

$$\frac{1}{1 - v/c}.$$

Im Gegensatz erscheint das entfernende Teilchen um den Faktor

$$\frac{1}{1 + v/c}$$

verkürzt. In vektorieller Schreibweise reicht jedoch für beide Fälle nur ein Minus–Zeichen. Ferner erhalten elektromagnetische Potentiale in allgemeinem Fall für eine beliebige Richtung folgende Form:

$$\text{mit } \vec{n} = \vec{r}/r$$

$$\phi = \frac{q}{4\pi\varepsilon_0 r} \cdot \frac{1}{1 - \vec{n}\frac{\vec{v}}{c}},$$

$$\vec{A} = \frac{\mu_0 q}{4\pi r} \cdot \frac{\vec{v}}{1 - \vec{n}\frac{\vec{v}}{c}}.$$

Die Berücksichtigung der endlichen Laufzeit von elektromagnetischer Wirkung wird erreicht, indem die Lage der Ladung zur Zeit der Aussendung der aktuellen Felder genommen wird. Diese Zeit heißt fachlich „retardierte Zeit".

Interessanterweise wird in der Relativitätstheorie auf Effekt scheinbarer Änderung der Ladung gänzlich verzichtet, auch wenn dort die Übertragung der Wirkung mit endlicher Geschwindigkeit die höchste Priorität hat. So schrieb Einstein in [7]:

„Es liegt eine punktförmige Elektrizitätsmenge vor, welche im ruhenden System K gemessen von der Größe ‚eins' sei, d. h. im ruhenden System ruhend auf eine gleiche Elektrizitätsmenge im Abstand 1 cm die Kraft 1 Dyn ausübe. Nach dem Relativitätsprinzip ist diese elektrische Masse auch im bewegten System gemessen von der Größe ‚eins'."

Deshalb ist es nicht überraschend, dass die Relativitätstheorie eine andere Abhängigkeit für elektrische und magnetische Felder bewegter Ladung liefert als klassische Elektrodynamik. Wie es auch üblich ist, betrachten wir im weiten stellvertretend für beide Felder nur das elektrische Feld. In klassischem Fall wird elektrische Feldstärke durch folgende Gleichung ausgedrückt:

$$\vec{E} = \frac{q}{4\pi\varepsilon_0 r^2} \cdot \left(1 - \frac{v^2}{c^2}\right) \cdot \frac{\vec{n} - \vec{v}/c}{(1 - \vec{n}\vec{v}/c)^3}.$$

Relativistische Formel lautet jedoch:

$$E = \frac{q}{4\pi\varepsilon_0 r^2} \cdot \left(1 - \frac{v^2}{c^2}\right) \cdot \frac{1}{\left(1 - \frac{v^2}{c^2}sin^2\theta\right)^{3/2}}.$$

Zu zwei Dritteln sind die Gleichungen quasi identisch. Den Unterschied macht nur das letzte Glied. Das lässt sich aber auch zurechtbiegen. Wie bereits gesprochen, arbeitet klassische Elektrodynamik mit retardierter Zeit, also man nimmt die Lage der Ladung zum Zeitpunkt, als die Felder gesendet wurden und nur jetzt mit der Lichtgeschwindigkeit zum Beobachter geschafft haben. Anders wird die relativistische Formel gedeutet: Man nimmt aktuelle Lage der Ladung. Der Winkel θ ist der Winkel zwischen Fahrrichtung und Beobachter zu momentanem Zeitpunkt. In der Tat können die letzten Glieder in dieser Hinsicht ineinander transformiert werden. Wenn das kein Zufall ist, dann sollte das eine physikalische Bedeutung haben.

Eigentlich kann der Beobachter nicht wissen, wo sich die Ladung gerade aufhält, besonders, wenn deren Bewegung unregelmäßig ist, denn die Information über aktuelle Lage der Ladung braucht einige Zeit, um mit der Lichtgeschwindigkeit den Beobachter zu erreichen, also der Beobachter kann über aktuelle Lage der Ladung erst zu einem späteren Zeitpunkt erfahren. So gesehen, ergibt der Übergang von retardierter Zeit zu momentaner Zeit keinen Sinn. Außerdem würden zwei gleichgestellte Lagen der Ladung zwei Feldvektoren liefern, die in verschiedene Richtungen zeigen (Abb. 5).

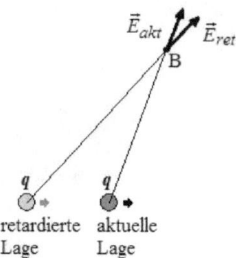

Abb. 5. Zwei Lagen der Ladung liefern zwei verschieden gerichtete Feldstärken.

Stellen wir uns eine zweite Ladung im Punkt B vor. In welche Richtung wird auf sie elektrische Kraft wirken? Da die Ladung etwa eines elementaren Teilchens als nicht teilbar angenommen wird, können beide Parteien gleichzeitig nicht zufrieden gestellt werden. Darüber hinaus führt der Versuch, klassische Gleichungen relativitätskonform zu machen, zum Konflikt.

Besonders ersichtlich wird das, wenn man nicht nur mit den Formeln rechnet, sondern macht die Ergebnisse anschaulich, zum Beispiel mit Hilfe von der Computer–Simulation. So ist die Animation von Dr.–Ing. Filtz (TU Berlin) [8]:

„Eine zunächst gleichförmig mit 99% der Lichtgeschwindigkeit c bewegte Punktladung wird innerhalb einer sehr kurzen Zeit zum Stillstand gebracht. Die Animation zeigt die elektrischen Feldlinien der dabei auftretenden Strahlung... Die Differentialgleichung der elektrischen Feldlinien wurde mit Hilfe des Runge–Kutta–Verfahrens numerisch gelöst."

Abb. 6 präsentiert drei relevante Screenshots. Die simulierten Feldlinien bewegter Ladung weisen ausgeprägte relativistische Länge–Kontraktion entlang der Fahrrichtung auf.

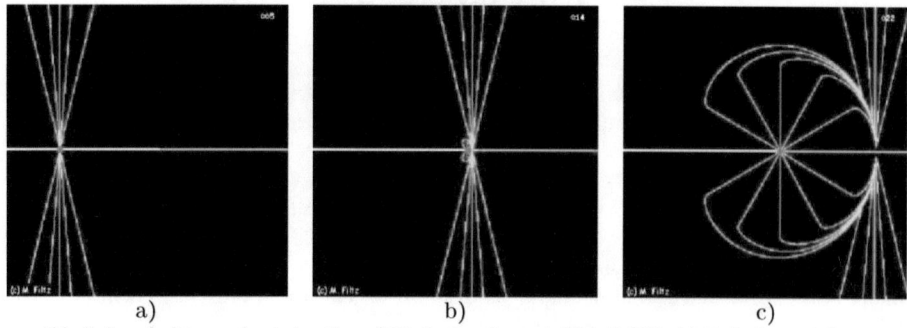

Abb. 6. Ausschnitte aus der Animation: a) Die Ladung bewegt sich mit 0.99c, b) die Ladung wird gestoppt c) Verlauf elektrischer Feldlinien während der Strahlung.

Nach dem Stoppen von der Ladung wird das elektrische Feld wieder Kugelsymmetrisch. Der Übergang von stark abgeplattetem Feld zu kugelsymmetrischem Feld bildet eine Feld‒schicht, wo die Feldlinien senkrecht (transversal) zur Ausbreitungsrichtung des Feldes ge‒richtet sind. Diese Feldschicht präsentiert die Strahlung. In der Animation sind das die ge‒bogenen Feldlinien. Was uns aber hier stutzig machen soll, ist es, dass das abgeplattete sta‒tische Feld gleichmäßig bewegter relativistischer Ladung rechts immer noch zu sehen ist. Die Ladung ist schon längst gestoppt worden, doch sein Feld schein ein eigenes Leben zu führen und fährt weiter (Abb. 7). Die resultierende Form des Strahlungsfeldes ist zwar richtig, doch ist die Existenz des statischen elektrischen Feldes ohne seine Quelle (Ladung) mit den Grundgesetzen der Elektrodynamik unvereinbar.

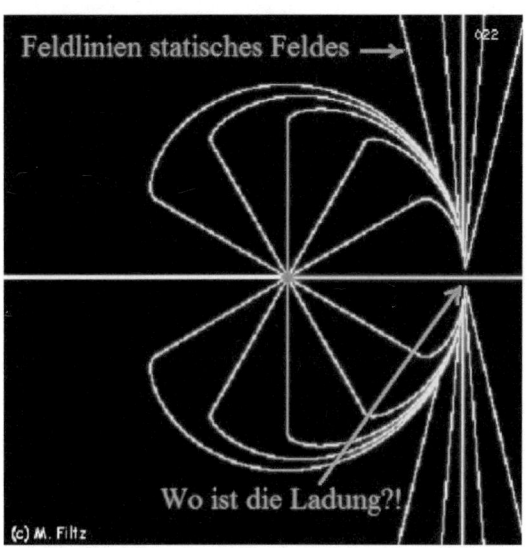

Abb. 7. Elektrisches statisches Feld relativistischer Ladung fährt nach dem Stoppen der Ladung selbständig weiter.

Die Absurdität der Situation entsteht dadurch, dass die relativistischen Feldlinien die realen Feldlinien zwar verdecken aber jedoch an sie gekoppelt sind. Mit anderen Worten, die Fort‒pflanzung der Wirkung mit der Lichtgeschwindigkeit passiert entlang der anderen elektri‒schen Feldlinien, die in keinem der Physikbücher dargestellt werden, aber lassen sich mit Hilfe von Lienard‒Wiechert‒Gleichungen berechnen und zeichnen (Abb. 7).

Man kann schon rein qualitativ zum Schluss kommen, dass das Stoppen von der Ladung zu keinem Problem führen würde: Die Feldlinien innerhalb und außerhalb des Strahlungsfeldes werden in Richtung letzter Lage der Ladung zeigen (Abb. 8). Durch Abbremsen entsteht also kein quellenfreies statisches elektrisches Feld wie in relativistischer Elektrodynamik.

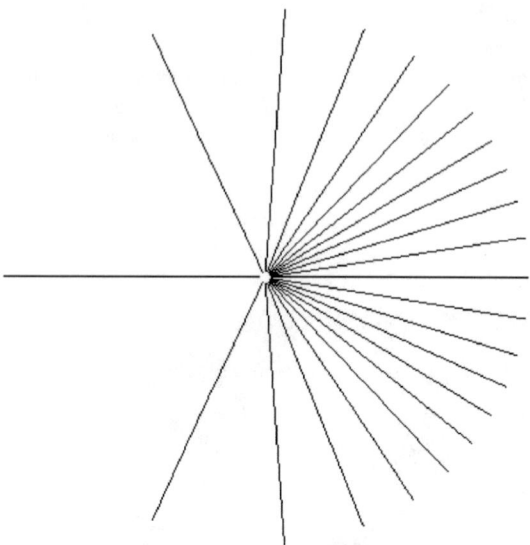

Abb. 7. Elektrische Feldlinien bewegter Ladung laut klassischer Elektrodynamik. Die Ladung fährt von links nach rechts mit 60% der Lichtgeschwindigkeit.

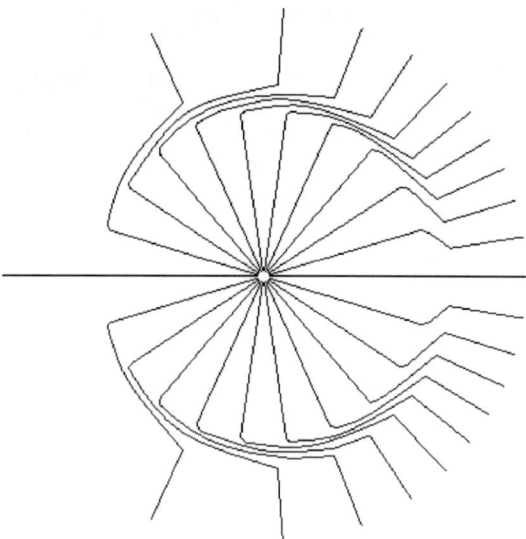

Abb. 8. Bewegte Ladung wird gestoppt. Sowohl die Feldlinien innerhalb der Strahlungsschicht als auch die Feldlinien außerhalb der Strahlungsschicht zeigen auf eine und dieselbe Quelle.

Wie oben bereits angedeutet wurde, sind die relativistischen Feldlinien auf den klassischen Feldlinien quasi drauf gemalt. Das führt unter anderem dazu, dass der vermeintliche Ursprung relativistischer Feldlinien weiter fährt, auch wenn die Ladung selbst gestoppt wird, solange sich die Änderung des elektrischen Feldes entlang den klassischen Feldlinien mit der Lichtgeschwindigkeit wegbewegt (Abb. 9).

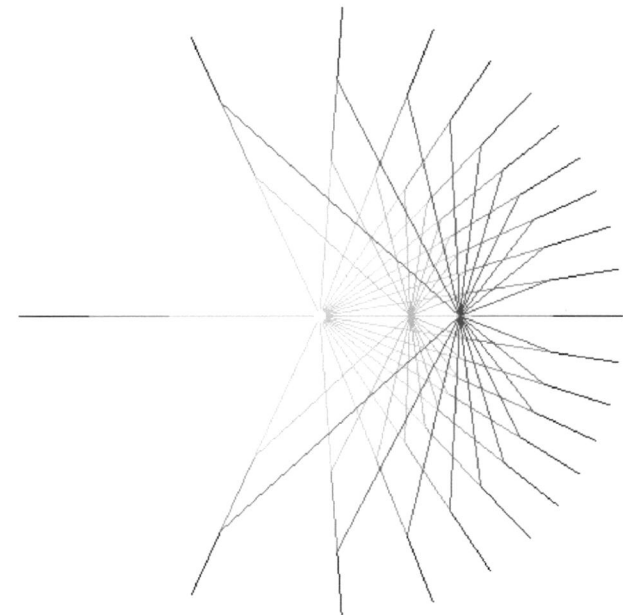

Abb. 9. Während die Wirkung entlang klassischen Feldlinien weitergegeben wird, fährt der Ursprung relativistischer Feldlinien mit.

Ferner liefert uns letzte Abbildung faktisch die Auskunft über relativistische Betrachtungsweise: Ein im Äther ruhender Beobachter sieht in welche Richtung relativ zu bewegtem Ursprung die Ausbreitung der Wirkung stattfindet. Zugegeben, so geht es auch die Naturphänomene zu beschreiben und der ganze mathematische Apparat spezieller Relativitätstheorie bezeugt das. Allerdings, nimmt man den Vorgang genauer unter die Lupe, tauchen dann plötzlich solche Störrungen wie die „Geisterladung" auf, die weiter fährt, obwohl das materielle Teilchen, das die Ladung besitzt, schon längst stillsteht. Deshalb plädiere ich für die Wiedereinführung der Äthervorstellung in die Elektrodynamik. Nur so können die elektromagnetischen Erscheinungen immer physikalisch korrekt bis ins kleinste Detail beschrieben werden.

Literatur

[1] Robert B. Laughlin 2007: Abschied von der Weltformel.

[2] Albert Einstein 1920: Äther und Relativitäts–Theorie.

[3] Bailey, H.; Borer, K.; Combley F.; Drumm H.; Krienen F.; Lange F.; Picasso E.; Ruden W. von; Farley F. J. M. ; Field J. H.; Flegel W. & Hattersley P. M.: Measurements of relativistic time dilatation for positive and negative muons in a circular orbit. Nature 268, 301 – 305 (28 July 1977).

[4] Benjamin Botermann, Dennis Bing, Christopher Geppert, Gerald Gwinner, Theodor W. Hänsch, Gerhard Huber, Sergei Karpuk, Andreas Krieger, Thomas Kühl, Wilfried Nörters–häuser, Christian Novotny, Sascha Reinhardt, Rodolfo Sánchez, Dirk Schwalm, Thomas Stöhlker, Andreas Wolf, and Guido Saathoff: Test of Time Dilation Using Stored Li+ Ions as Clocks at Relativistic Speed. Phys. Rev. Lett. 113, 120405 – Published 16 September 2014.

[5] George Gabriel Stokes 1845: On the Aberration of Light.

[6] Emil Wiechert 1900: Elektrodynamische Elementargesetze.

[7] Albert Einstein 1905: Zur Elektrodynamik bewegter Körper.

[8] Manfred Filtz, TU Berlin: Abbremsen einer gleichförmig bewegten Punktladung. http://www–tet.ee.tu–berlin.de/Animationen/Punktladung2/